María Del Rosario Vázquez Pérez

# Las regletas de cuisenaire

María Del Rosario Vázquez Pérez

# Las regletas de cuisenaire

## Una estrategia para la enseñanza de las matemáticas en educación preescolar

Editorial Académica Española

**Imprint**



Cover image: www.ingimage.com

Publisher:
Editorial Académica Española
is a trademark of
Dodo Books Indian Ocean Ltd. and OmniScriptum S.R.L publishing group

120 High Road, East Finchley, London, N2 9ED, United Kingdom
Str. Armeneasca 28/1, office 1, Chisinau MD-2012, Republic of Moldova, Europe
Printed at: see last page
**ISBN: 978-613-9-43488-6**

# LAS REGLETAS DE CUISENAIRE; UNA ESTRATEGIA PARA LA ENSEÑANZA DE LAS MATEMÁTICAS EN EDUCACIÓN PREESCOLAR

MARIA DEL ROSARIO VAZQUEZ PEREZ

## INTRODUCCION

Como resultado de los procesos de desarrollo y de las experiencias que viven los niños al interactuar con su entorno, desarrollan nociones numéricas, espaciales y temporales que les permiten avanzar en la construcción de nociones matemáticas más complejas. desde muy pequeños y de acuerdo a los estímulos que reciben pueden establecer relaciones de equivalencia, igualdad y desigualdad (más, menos o igual cantidad); se dan cuenta de que “agregar hace más” y “quitar hace menos”, y distinguen entre objetos grandes y pequeños. sus juicios parecen ser genuinamente cuantitativos y los expresan de diversas maneras en situaciones de su vida cotidiana.

El entorno natural, social y cultural en que se desenvuelven los pequeños los provee de experiencias que, de manera espontánea, los llevan a realizar actividades de conteo, que son una herramienta básica del pensamiento matemático. en sus juegos o en otras actividades separan objetos, reparten dulces o juguetes; cuando realizan estas acciones, y aunque no son conscientes de ello, empiezan a poner en práctica de manera implícita e incipiente, los principios del conteo: correspondencia uno a uno, orden estable, cardinalidad, irrelevancia del orden y abstracción.

Durante la educación preescolar, las actividades mediante el juego y la resolución de problemas contribuyen al uso de los principios del conteo (abstracción numérica) y de las técnicas para contar (inicio del razonamiento numérico), de modo que las niñas y los niños logren construir, de manera gradual, el concepto y el significado de número. (pep 2011)

La diversidad de situaciones que se propone a los alumnos propicia que sean cada vez más capaces, por ejemplo, de contar los elementos en un arreglo o colección, y representar de alguna manera la cantidad de elementos (abstracción numérica); podrán inferir que el valor numérico de una serie de objetos no cambia sólo por el hecho de dispersar los objetos, pero cambia –incrementa o disminuye su valor– cuando se agregan o quitan uno o más elementos a la serie o colección. Así, la habilidad de abstracción les ayuda a establecer valores y el razonamiento numérico les permite hacer inferencias acerca de los valores numéricos establecidos y a operar con ellos.

En el nivel preescolar tenemos la obligación como docentes de buscar y crear diferentes estrategias para lograr que los niños desarrollen el pensamiento lógico matemático; como educadora he descubierto en el uso de las Regletas Cuisenaire un método que permite establecer relaciones numéricas de forma geométrica, por lo que estas relaciones resultarán mucho más visuales y manipulativas para los niños.

## ¿POR QUÉ USAR LAS REGLETAS NUMÉRICAS EN EL APRENDIZAJE DE LAS MATEMÁTICAS EN EL NIVEL PREESCOLAR?

Con las regletas numéricas las matemáticas alcanzan un nivel sensorial extraordinario. las experiencias deben brindarse de forma que se activen cuantos más sentidos mejor y eso es algo que se cumple con este material, haciendo que un área muy abstracta como son las matemáticas se convierta en algo concreto que el niño puede manipular y visualizar de forma clara respetando y facilitando su proceso de abstracción.

Es importante plantear actividades a modo de reto donde el niño hará sus propios descubrimientos y generará sus hipótesis y respuestas con base a su manipulación e investigación. no hay que caer en el error de empezar por el final y presentar directamente los conceptos matemáticos con las regletas, sino que sean los propios niños los que lleguen a estas conclusiones por medio de su propio trabajo y alentados por algunas preguntas clave que podamos hacerles para guiarles en sus descubrimientos.

Dentro de la práctica docente y el planteamiento de actividades retadoras surge esta pregunta: ¿qué importancia le damos los docentes al uso de las regletas de cuisenaire como un material didáctico efectivo en la enseñanza de las matemáticas de educación preescolar?

En el nivel preescolar, se tiene como finalidad contribuir a la transformación de las prácticas educativas en el aula, de tal manera que las niñas y los niños dispongan en todo momento de oportunidades de aprendizaje interesantes y retadoras que propicien el logro de aprendizajes fundamentales, partiendo siempre de los saberes y conocimientos que poseen.

Como educadora, avanzar hacia el logro de esta finalidad ha sido un proceso de aprendizaje que implica probar en los alumnos formas de trabajo innovadoras, equivocarme, reflexionar, evaluar, volver a intentar y descubrir en esos intentos de cambio que los pequeños tienen múltiples capacidades y que es posible proponerles actividades que las hagan emerger y que demanden de ellos un reto cognitivo.

Promover el logro del conocimiento en situaciones y contextos diversos tiene que ver con los procesos de aprendizaje que posibilite como educadora con las actividades que proponga y mediante la intervención docente.

Este artículo, pretende recuperar evidencias y expresar mi experiencia en las prácticas educativas, que permitan emitir un juicio de utilidad e impacto de las regletas de cuisenaire como herramientas que fortalecen los procesos de enseñanza de las matemáticas en alumnos de educación preescolar, y también reiterar que el utilizar las regletas como herramientas didácticas en la enseñanza de las matemàticas, es una manera favorable de desarrollar las habilidades lógico matemáticas en los niños de preescolar.

## FUNDAMENTACIÓN TEORICA

Una pregunta que sugiere Irma Fuenlabrada que puede orientar la discusión es: ¿a los niños en su tránsito por la educación preescolar, se les está dando la posibilidad de desarrollar aprendizajes correlacionados con el conocimiento del número?

Una manera de averiguarlo es si frente a situaciones o problemas diversos, los niños tienen oportunidades para realizar las siguientes acciones ligadas al razonamiento:

a). Buscar cómo solucionar la situación; es decir, si muestran actitud de seguridad y certeza como sujetos pensantes que son.

b). Comprender el significado de los datos numéricos en el contexto del problema; esto es, para mostrar su pensamiento matemático.

c). Elegir, del conocimiento aprendido (los números, su representación, el conteo, relaciones aditivas, etcétera), el que les sirve para resolver la situación.

d). Utilizar ese conocimiento con soltura para resolver (habilidades y destrezas) la situación planteada.

irma fuenlabrada nos sugiere que hagamos una pequeña exploración en el grupo y qué si resulta que al plantear a los alumnos un problema que implique agregar, reunir, quitar, igualar, comparar y repartir objetos, los niños esperan las indicaciones para proceder, debemos hacer la siguiente valoración:

- Si los niños son de primer grado de preescolar, no hay problema aún nos quedan dos años más para lograr desarrollar aprendizajes, no solo sobre el conocimiento de lo numérico sino también sobre cómo actuar frente a lo que desconocen. pero sin perder de vista que para lograrlo es indispensable permitirles a los niños, sistemáticamente, que con sus propios recursos encuentren cómo resolver las diversas situaciones matemáticas que se les propongan.

La pretensión del nivel preescolar, es que las educadoras propicien en sus alumnos el desarrollo de aprendizajes, algunos de los propósitos del nivel preescolar son:

1. Usar el razonamiento matemático en situaciones diversas que demanden utilizar el conteo y los primeros números.

2. Comprender las relaciones entre los datos de un problema y usar procedimientos propios para resolverlos.

El trabajo con regletas nos ayuda a desarrollar el uso del razonamiento matemático, genera agilidad mental, contribuye a la formulación y resolución de problemas que implican agregar, reunir, quitar, igualar, comparar y repartir objetos y aporta comprensión de las cuatro operaciones básicas (suma, resta, multiplicación y división en el nivel primaria).

El desarrollo de las capacidades de razonamiento en los alumnos de educación preescolar se propicia cuando realizan acciones que les permiten comprender un problema, reflexionar sobre lo que se busca, estimar posibles resultados, buscar distintas vías de solución, comparar resultados, expresar ideas y explicaciones y confrontarlas con sus compañeros. ello no significa apresurar el aprendizaje formal de las matemáticas, sino potenciar las formas de pensamiento matemático que los pequeños poseen hacia el logro de las competencias que son fundamento de conocimientos más avanzados y que irán construyendo a lo largo de su escolaridad. (pep 2011)

En el nivel preescolar se trabajan varias fases en la acción de los niños con las regletas cuisenaire, a saber:

1. Juegos espontáneos, donde los alumnos manipulan libremente el material, sin intervención del adulto;

2. Búsqueda empírica: en esta fase los niños desarrollan su actividad con una determinada intención como la construcción de trenes, descomposición de regletas, parejas (comparación de tamaños),

3. Sistematización y dominio de las estructuras: a través de la experiencia, el niño se familiariza con las posibilidades de las regletas y conoce sus aspectos estructurales, y se va liberando progresivamente del material y es capaz de crear por sí mismo los hechos matemáticos: agregar, reunir, quitar, igualar, comparar y repartir objetos. en este momento se le invita a describir relaciones numéricas, lo hace sin dificultad y siente un verdadero placer en hacerlo, buscando nuevas posibilidades de expresión matemática que enriquecen su saber.

La idea de empezar con el juego libre es que ellos inicien el reconocimiento de las regletas a partir de la manipulación y la exploración. considerando que es a partir de la acción que el niño construye las matemáticas; partiendo de los saberes del alumno.

Particularmente en preescolar es importante que el niño visualice, juegue con las regletas y use su imaginación para construir con ellas. esa construcción inicial fomenta el desarrollo de la imaginación.

En preescolar el niño puede trabajar operaciones como la suma, la resta, la multiplicación y la división, pero empíricamente (lo que en el lenguaje de preescolar es agregar, quitar, igualar, reunir, comparar y repartir), en la medida en que la maestra orienta y acompaña el trabajo con regletas sin darle nombre a cada operación, ("fortalecimiento del pensamiento numérico mediante las regletas de cuisenaire").

Es importante que las actividades se le planteen al niño de forma que sea él quien llegue a los conceptos por medio del descubrimiento y que no seamos nosotros quienes le demos la solución antes de empezar el reto.

Considero válido presentar a los alumnos el material cuando no lo conocen, dejar que lo exploren, que identifiquen forma, tamaño, color y que descubran de manera libre como emplearlo, para conforme a las actividades con intención educativa, puedan manejarlo e ir desarrollando aprendizajes matemàticos.

# ACTIVIDADES CON LAS REGLETAS CUISENAIRE EN EL NIVEL PREESCOLAR

## 1. Juego libre.

Presentarle al niño el material y darle la oportunidad y el tiempo de experimentar de forma libre, con la intención de que lo conozca y ponga en práctica su creatividad e imaginación, con el tiempo y el uso constante de las regletas numéricas el niño va a interiorizar el valor numérico de cada una de ellas y establecerá relaciones entre las distintas piezas y aunque no sepa que está realizando operaciones matemáticas estará aplicando relaciones de equivalencia y cantidad y poniendo en práctica el razonamiento lógico, para resolver situaciones que le demanden agregar, quitar o igualar cantidades

.

Es recomendable, como en todos los materiales que se usan por primera vez, que permitamos a los niños y las niñas jugar libremente con las regletas durante varias sesiones, para que se familiaricen con el material.

### 2. Clasificar regletas

Colocar las regletas en la mesa y solicitar a los alumnos poner "juntos los que van juntos" sin darles la respuesta de hacerlo por color y por tamaño, dejar que sean ellos quienes lleguen a ese razonamiento y al concepto de CLASIFICASIÒN.

## 3. Descubre la regleta

Los alumnos tomen tres regletas, por ejemplo, roja, verde y amarilla, se las esconden en las manos y éstas las ponen detrás de la espalda, la educadora pides que le enseñen una regleta nombrándola por el color, por ejemplo: "muéstrame la regleta roja", luego la vuelve a juntar con las otras tres, las esconde y le pides otro color, sólo por el tacto tienen que identificar la regleta que les está pidiendo, asociando así a cada color una longitud.

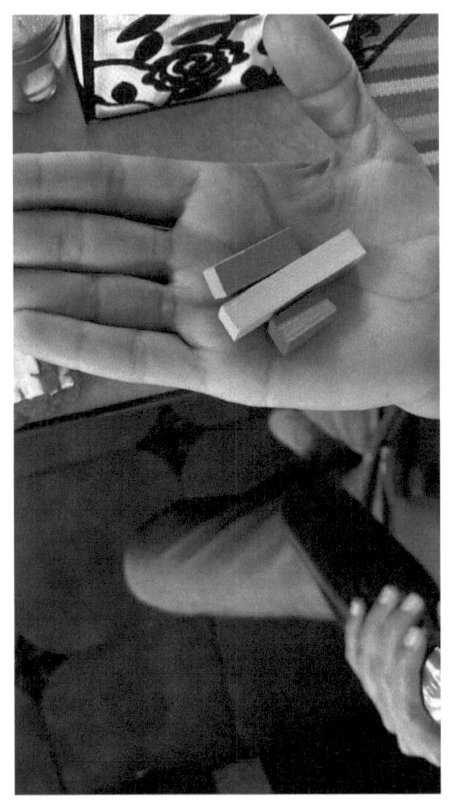

## 4. Escaleras de menor a mayor tamaño (orden creciente) y de mayor a menor (orden decreciente)

Se reparte 1 regleta de cada color a cada niño y se les da la indicación de formarlas de la regleta blanca a la anaranjada de manera libre, con la intención de que identifiquen la secuencia lógica de tamaño y si hay algún error ellos razonen y logren resolverlo. Una vez que resuelvan la escalera en orden ascendente, se da la indicación de hacerla en forma descendente.

## 5. Pirámide

Se reparten 2 regletas de cada color por niño, se les da la indicación de formar primero una escalera, iniciando de la regleta blanca a la anaranjada, orden creciente, para que una vez terminada junto a esta elaboren una escalera iniciando de la regleta anaranjada y que termine en la blanca, en orden decreciente. Mencionar esos conceptos para que los chicos se apropien de ellos.

## 6. Descubre cual falta

Por la complejidad de la actividad, esta se llevará a cabo de manera individual para que el grupo sea espectador del participante.

Repartir una regleta de cada color a un niño, solicitar que construya una escalera, una vez terminada le pediremos que cierre los ojos y quitaremos una regleta, juntamos todas las regletas para que no se note de dónde la hemos sacado y le pediremos que abra los ojos y descubra que regleta es la faltante, darle tiempo para observar y descubrirlo por sí solo, de ser necesario se puede solicitar el apoyo de algún compañero.

Variante: Para niños de 4 años podemos mostrarle la regleta que hemos sacado para que solo descubran el lugar que ocupa en la escalera, conforme se familiarice la propuesta será sin que sepa qué regleta es la que se ha quitado.

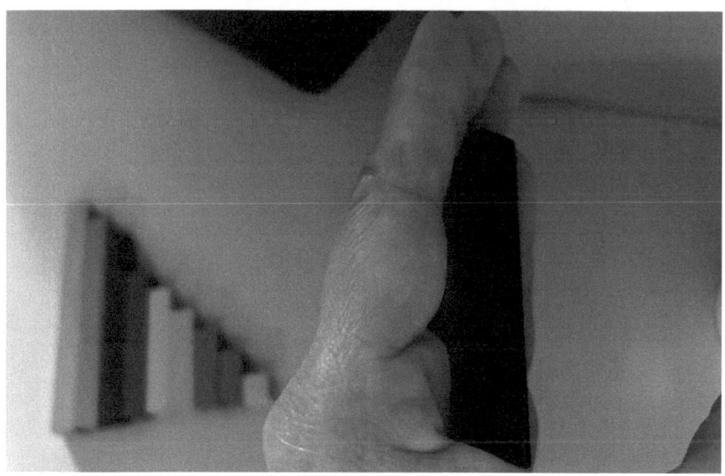

## 7. Establecer relaciones numéricas entre ellas

Elaborar dos escaleras de forma vertical, una de forma creciente y otra en forma decreciente, una frente a otra. Pedirles que las unan hasta formar un cuadrado con las dos, sin que le sobren fichas o queden espacios sin cerrar.

Una vez cumplida la consigna reflexionar sobre lo que se observa:

*El patrón geométrico se repite de forma inversa

*La regleta que se repite (la del 5) es la que marca este cambio en el patrón.

*Todos los pares de regletas dan de valor 10

## 8. Juego del cinquillo

En este juego los niños y las niñas trabajarán con la serie numérica del 1 al 10 tanto en sentido ascendente como en sentido descendente.

Jugaremos de manera grupal con un equipo de 4 jugadores y se necesitan 40 regletas (cuatro de cada color), se reparten de manera arbitraria todas las regletas entre los cuatro niños, el primer jugador coloca una regleta amarilla en el centro de la mesa, si no tuviera pasa el turno al siguiente jugador.

una vez que se ha colocado la regleta amarilla, el siguiente jugador tendrá que colocar una regleta rosa o una regleta verde claro para ir construyendo una escalera a partir de la regleta amarilla. si no tuviera puede colocar otra regleta amarilla en otra zona de la mesa para construir otra escalera. sí tampoco tiene regleta amarilla pasa el turno sin poner ninguna regleta.

El siguiente jugador tiene que colocar una regleta inmediatamente superior o inferior a las que aparecen en los extremos del tren o iniciar una nueva escalera con la regleta amarilla, gana el que primero se queda sin regletas.

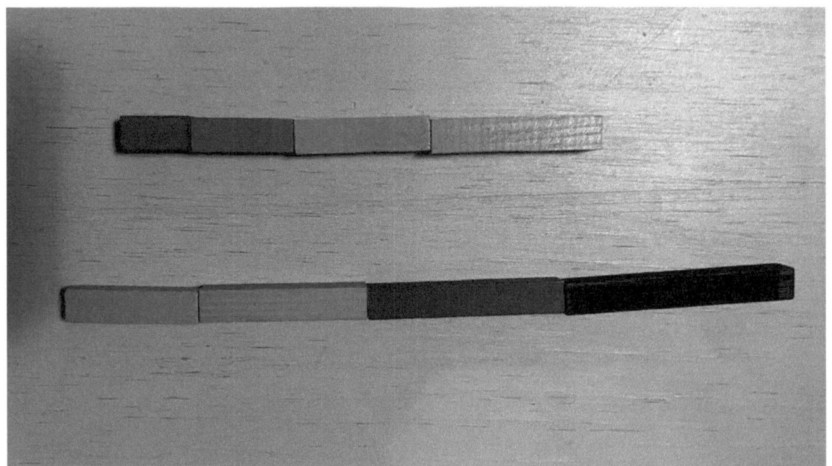

## 9. Establecer equivalencias con base en la unidad

Jugamos a adivinar por turnos a cuantos cuadraditos de la unidad corresponde cada regleta.
Podemos utilizar la siguiente pregunta para que el niño resuelva, ¿Cuántas regletas blancas caben en la regleta: naranja, azul, verde o rosa?, con la intención de llegar al razonamiento de lo que significa la equivalencia, que no es más que la igualdad en el valor en este caso de las regletas.

*Después de trabajar con las regletas blancas, buscar con las demás regletas la equivalencia, comprobar que cada regleta es uno más que la regleta siguiente: la roja es la blanca más uno, la verde es la roja más uno, la amarilla es la rosa más uno....

*Buscar equivalencias usando regletas de otro valor, pares de regletas que formen una de 10, así dos de 5, una de 4 y una de 6... son equivalentes a la naranja de 10. esta actividad se puede hacer con cualquier otro número, no solo 10: ¿cuántas regletas son equivalentes a la de 5, a la de 6, ...?, pero dado que nuestro sistema numérico es decimal, es conveniente trabajar mucho los cambios en 10.

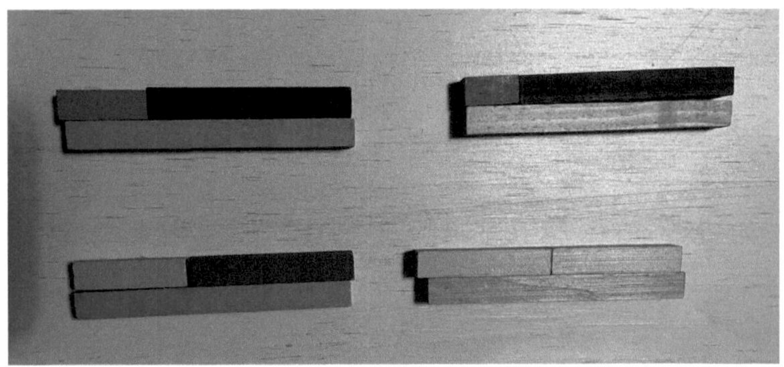

*Realizar equivalencias usando 3 o más regletas, por ejemplo, ¿cuáles forman la regleta amarilla, negra, verde...?

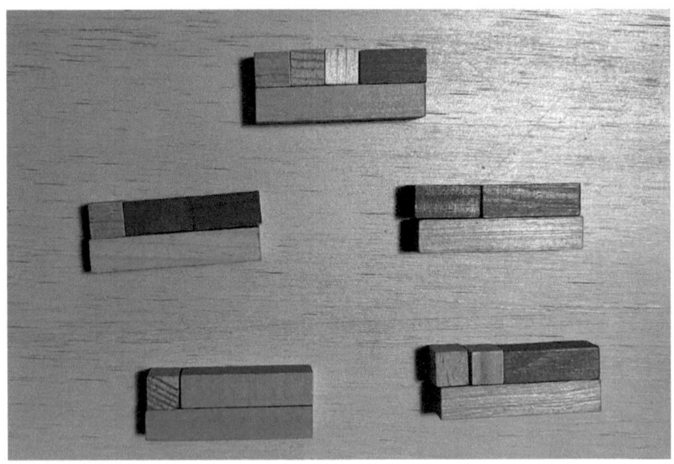

*Hacer cubos: con regletas del mismo color, o mezclándolos, darle a cada equipo un puñado de regletas de la amarilla a la blanca y solicitar que armen un cubo utilizando todas las regletas que tengan.

*jugar a cambiar regletas entre dos jugadores, dar un puñado de regletas a cada uno y que las cambien entre ellos, es importante que los cambios sean siempre equivalentes, por ejemplo, cambiar una de 7 por una de 2 y otra de 5.

*Jugar a la serpiente de color: tras colocar un puñado de regletas en fila, haciendo caminitos, serpientes, figuras...vamos a calcular cuantas hay, para ello se colocan todas en fila, se colocan en paralelo 1 regleta naranja (10) que será la base para formar otras serpientes, pero podemos partir de otra de menor valor e ir incrementando hasta llegar al 20 por ejemplo, utilizando como base 2 regletas naranjas.

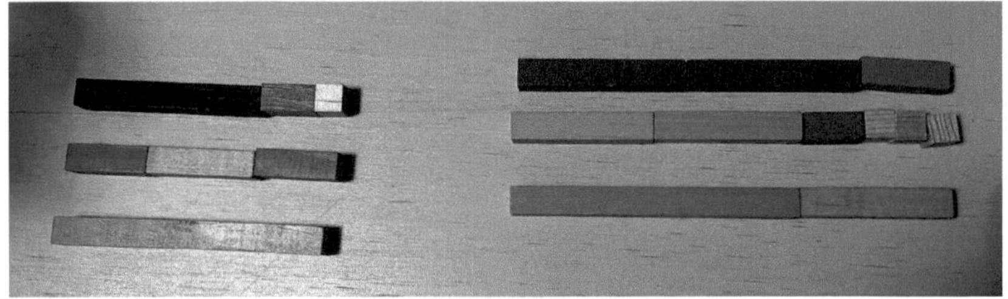

## 10. Capturar regletas

Se juega entre dos niños o dos equipos sentados uno enfrente del otro, cada equipo tiene delante suyo, puestas en fila, una regleta de cada color ordenadas de mayor a menor, por turnos se tira el dado y de acuerdo a la numeración se le quita la o las regletas al equipo contrario gana quien capture todas las regletas del contrario.

Los alumnos, pueden jugar con las seis primeras regletas y con un solo dado y se puede ir incrementando la cantidad hasta llegar a utilizar dos dados.

## 11. Bingo con regletas

A cada niño se le entrega un tablero que contenga los colores de algunas regletas y se les dan fichas para que conforme se mencionen los números del 1 al 10, los pequeños asocien el color con la regleta que corresponda. Por ejemplo: la cinco y quien tenga color amarillo en su tablero le coloca una ficha.

Gana quien completa primero su tablero.

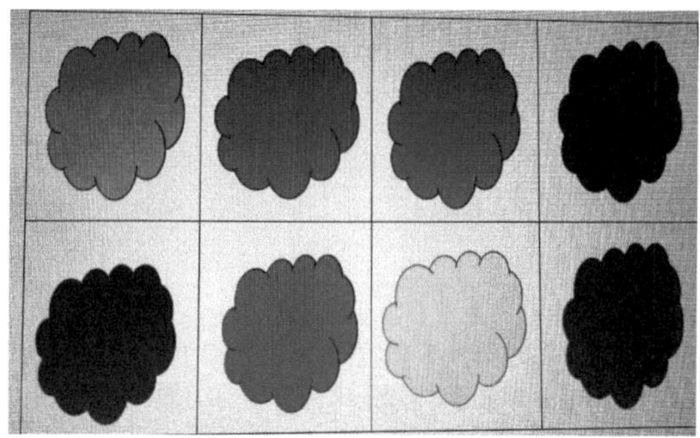

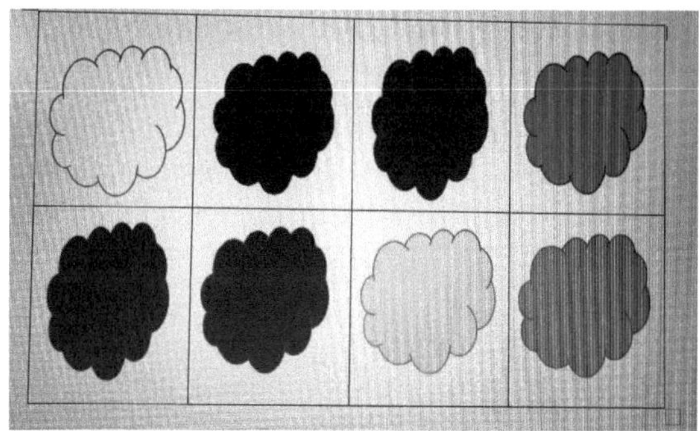

## 12. Equilibrio de regletas

Se puede dividir al grupo en dos equipos, se coloca una caja de regletas al centro y en este juego se utiliza un dado numérico, el primer jugador tira el dado y de acuerdo al número que caiga el equipo coloca la regleta que corresponda al frente del mismo, se da el turno al equipo contrario que realizará la misma acción, así seguirá participando cada integrante hasta llegar a formar una torre. Gana el equipo que logre hacer su torre más alta o que la mantenga en equilibrio.

## 13. Comparación de números: mayor que / menor que, igual que

La comparación de números es extremadamente visual con las regletas, basta con acercar las unas con las otras y comparar sus tamaños.

En esta actividad utilizaremos los signos mayor que, menor que e igual, para que los pequeños se familiaricen con ellos y adquieran ese razonamiento de desigualdad y de igualdad.

6
<
8

8
=
8

## 14. Resolver problemas que implican agregar (suma)

Para resolver problemas que implican agregar, colocamos las regletas una al lado de la otra y debajo pondremos el resultado.

Nota: La imagen con los signos + y - son simple referencia, pues en preescolar no se utilizan.

También podremos resolver problemas de más de dos dígitos y con las regletas correspondientes representar el resultado.

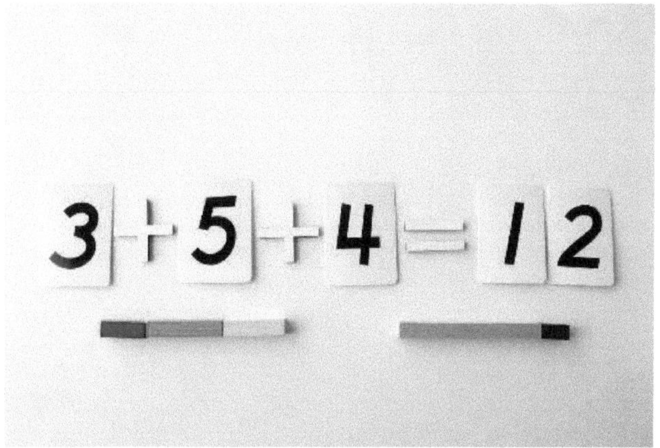

## 15. La regleta escondida

Podemos jugar a descubrir cuál es la regleta que corresponde al espacio vacío y que al unirse a la regleta que si aparece den el resultado que se obtiene al final.

## 16. Composición y descomposición de conjuntos

Este juego consiste en resolver problemas que implican agregar, podemos jugar a ver cuántos conjuntos de regletas podemos construir que nos den el mismo resultado (equivalencia), de esta forma también estaremos trabajando la composición de números y los números complementarios.

## 17. Propiedad conmutativa de los conjuntos (cambiar el orden)

Con las regletas podremos comprobar de forma muy visual que no importa el orden en que se coloquen las regletas, el resultado siempre será el mismo.

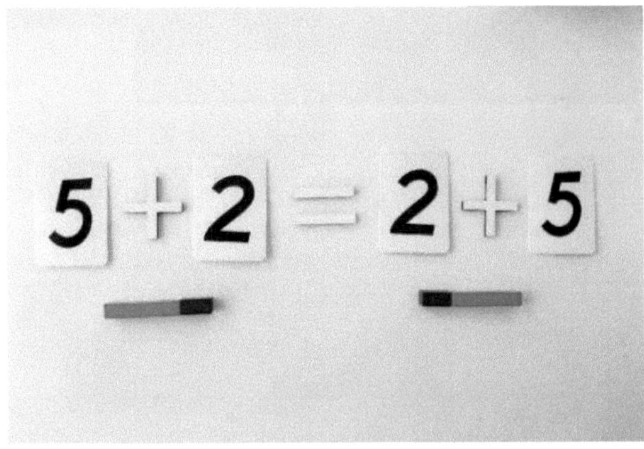

5 + 2 = 2 + 5

## 18. Propiedad asociativa de los conjuntos

Cuando unamos más de dos regletas podremos asociarlos de la forma que queramos que el resultado no va a cambiar.

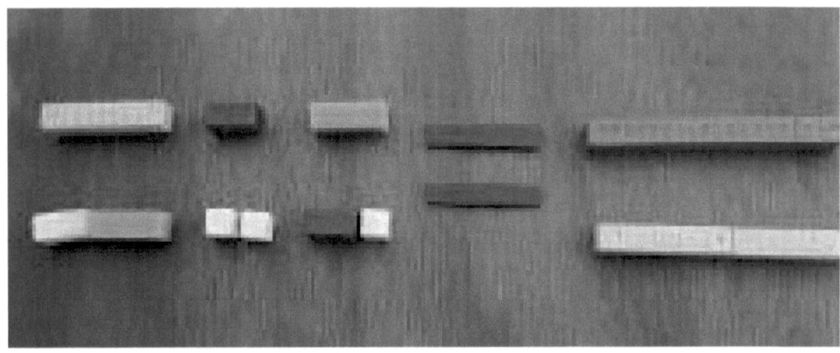

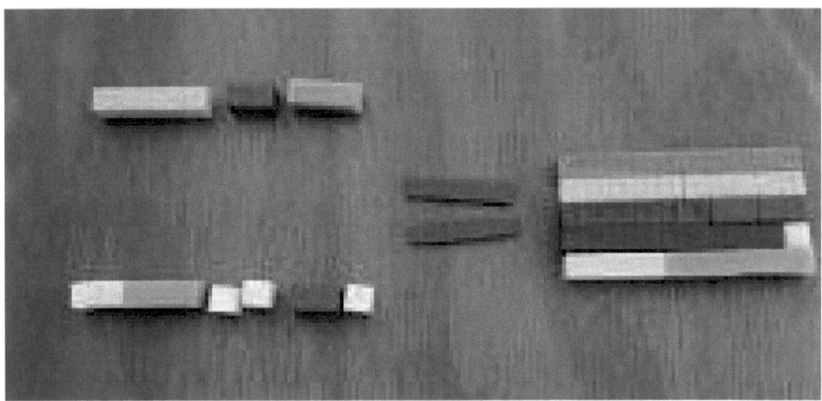

## 19. Acciones que implican quitar

Para resolver problemas que implican quitar dos números representados por regletas, pondremos la regleta más grande arriba y la que le tenemos que quitar debajo, lo plantearemos de la siguiente forma: si tenemos esta regleta y le quitamos lo que ocupa esta otra más pequeña, ¿cuánto nos quedaría? entonces buscamos una regleta que ocupe lo mismo que el espacio que nos queda y ese sería el resultado del problema.

## 20. Descubrir la regleta escondida

Podemos jugar a descubrir cuál es la regleta que corresponde al espacio vacío y que al unirse a la regleta que si aparece den el resultado que se obtiene al final.

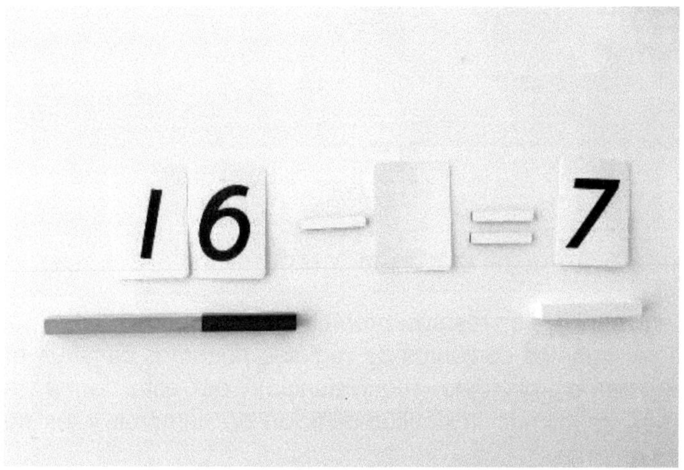

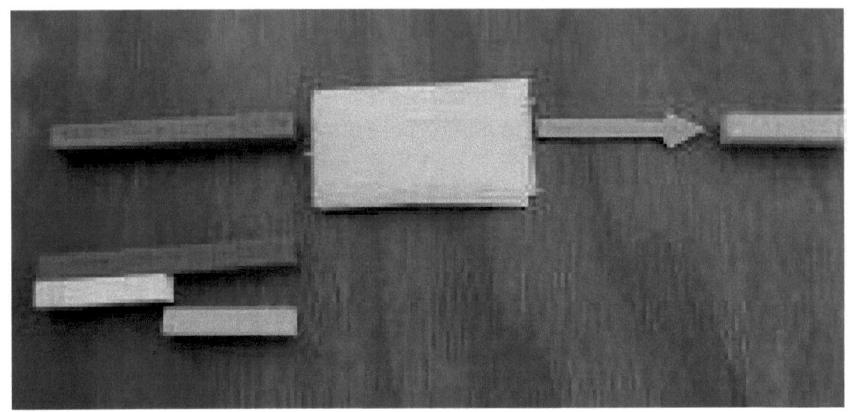

## 21. Buscar conjuntos con el mismo resultado

Este juego consiste en resolver problemas que implican quitar, podemos jugar a ver cuántos conjuntos de regletas podemos construir que nos den el mismo resultado (equivalencia), de esta forma también estaremos trabajando la descomposición de números y los números complementarios.

## 22. Los números del 11 al 20

Con las regletas se realizarán equivalencias mayores a 10 y que máximo lleguen al número 20, ya que queda de una forma muy visual que el 11 es el 10 y 1, el 12 es el 10 y 2, el 13 es el 10 y 3...pero que una vez que el niño ha adquirido esta noción también se pueden componer esas cantidades con regletas diferentes, el 11 es 8 y 3, el doce es 6 y 6, el 13 es 8 y 5...

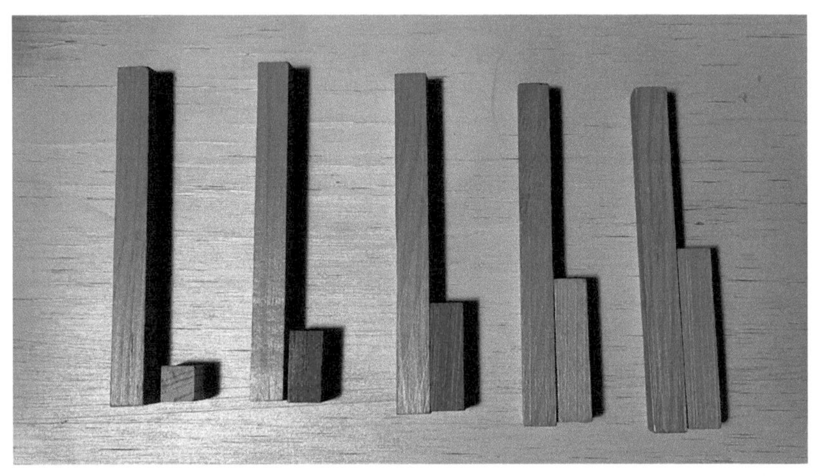

## 23. Resolución de problemas matemáticos que implican agregar, quitar e igualar.

* Tengo 3 paletas y mi mamá me trajo de la tienda 4, ¿cuántas paletas tengo en total?

* Tengo 6 paletas, si regalo 3, ¿con cuántas me quedo?

6
3
6
3
3

*Mi mamá me regalò dos peceras, en una tengo 2 peces y en la otra 5, ¿Cuántos peces necesito para que las dos peceras tengan la misma cantidad?

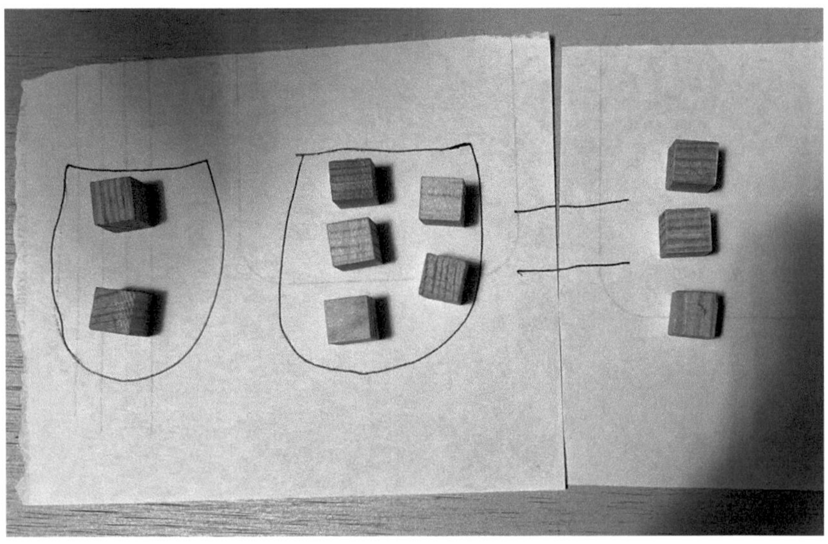

**Nota:** En las imágenes se pueden apreciar símbolos como +, -, <, > e =, eso no quiere decir que debamos o podamos aplicarlos en preescolar, es solo un referente de la operación que estamos realizando como, agregar, quitar, igualar, hacer diferencias entre mayor y menor cantidad, etc.

## CONCLUSIONES

El uso de las Regletas de Cuisenaire, tiene una gran variedad de aplicaciones pues permite a los alumnos de preescolar desarrollar su pensamiento abstracto (posibilidad de cambiar, a voluntad, de una situación a otra, de descomponer el todo en partes y de analizar de forma simultánea distintos aspectos de una misma realidad) y construir su propio aprendizaje, existen diversos niveles del desarrollo del pensamiento lógico matemático en los niños, donde es difícil para algunos de ellos realizar los ejercicios y requieren de un apoyo personalizado y de mayor práctica que les permita desarrollar su pensamiento abstracto, por ese motivo, es necesario hacer uso de dichos materiales, para apoyar a los alumnos a alcanzar "la zona de desarrollo próximo" y considero que, si acaso se desconocen o no se han llevado a cabo este tipo de actividades en algunas escuelas, es debido a que no se cuentan con recursos de ese tipo o qué, aunque se tengan no se les da el uso debido y la intención educativa que merecen.

Vygotsky definió las zonas del desarrollo próximo como la distancia de "el nivel del desarrollo real del niño y tal como puede ser determinado a partir de la resolución independiente de problemas y el nivel más elevado de desarrollo potencial tal y como es determinado por la resolución de problemas bajo la guía del adulto o en colaboración con sus iguales más capacitados". (Wertsch, james v.: Vygotsky y la formación social de la mente. editorial Paidós).

Así que no es imposible trabajar con regletas en el nivel preescolar iniciando desde segundo grado, pues de antemano sabemos que las actividades se van graduando conforme a la edad, las características y las necesidades del grupo, las barreras mentales las puede tener el docente y de él depende que los niños las tengan o las eliminen.

El trabajo con las Regletas Cuisenaire exige también del docente que se prepare permanentemente y asuma el rol de coordinador de aprendizajes de sus alumnos, pues se genera una cultura interesante donde los alumnos construyen sus propios conceptos y los comparten con sus iguales.

Desde mi punto de vista el hecho de trabajar con las regletas hace que el trabajo con las matemáticas sea mucho más sencillo y divertido, puesto que los alumnos interactúan con el material y al mismo tiempo construyen conocimientos nuevos.

La implementación de este material es muy eficaz para cualquier tipo de operación matemática que implique un razonamiento profundo para resolver situaciones, pero sobre todo donde el alumno pueda manipular para tener un aprendizaje más significativo, son un material, que brinda la oportunidad de desarrollar habilidades matemáticas a partir del juego, la manipulación y la experimentación.

# REFERENCIAS BIBLIOGRÁFICAS

Secretaría de educación pública, (2017), Aprendizajes clave para la educación integral, plan y programas de estudio, orientaciones didácticas y sugerencias de evaluación.

Secretaria de educación pública, (2004) Programa de educación preescolar.

Secretaria de educación pública, (2011) Programas de estudio 2011. guía para la educadora.

Fuenlabrada irma, ¿hasta el 100?... ¡no! ¿y las cuentas?... tampoco entonces... ¿qué? sep. 2009

María Fanny Nava | Luz Marina Rodríguez | Magda Patricia Romero | María Elvira Vargas. Artículo: "Fortalecimiento del pensamiento numérico mediante las Regletas de Cuisenaire".

Compilación de algunas imágenes de internet.

# Índice

Printed by Books on Demand GmbH, Norderstedt / Germany